# RAPPORT

## SUR L'ÉTAT SANITAIRE ET MÉDICAL

### DES TRAVAILLEURS ET DES ÉTABLISSEMENTS

## Du canal maritime de l'Isthme de Suez

### Du 1ᵉʳ juin 1867 au 1ᵉʳ mai 1868

## PAR LE DOCTEUR L. AUBERT-ROCHE

Médecin en chef de la Compagnie.

PARIS

IMPRIMERIE CENTRALE DES CHEMINS DE FER

**A. CHAIX ET Cⁱᵉ**

RUE BERGÈRE, 20, PRÈS DU BOULEVARD MONTMARTRE

1868

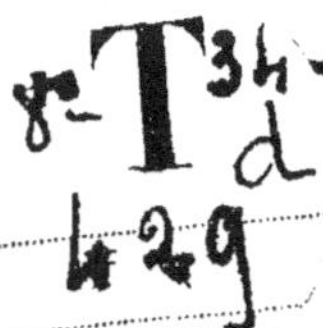

# RAPPORT

## SUR L'ÉTAT SANITAIRE ET MÉDICAL

### DES TRAVAILLEURS ET DES ÉTABLISSEMENTS

### Du canal maritime de l'Isthme de Suez

### Du 1er juin 1867 au 1er mai 1868

### Par le Docteur L. AUBERT-ROCHE

Médecin en chef de la Compagnie.

PARIS

IMPRIMERIE CENTRALE DES CHEMINS DE FER

**A. CHAIX ET C**ie

RUE BERGÈRE, 20, PRÈS DU BOULEVARD MONTMARTRE

1868

# RAPPORT

SUR

## L'ÉTAT SANITAIRE ET MÉDICAL

### DES TRAVAILLEURS

ET

Des Établissements du Canal maritime de l'isthme de Suez

Du 1er juin 1867 au 1er mai 1868.

---

*A M. Ferd. de Lesseps, Président-Directeur de la Compagnie Universelle du canal maritime du Suez;*

*Ismaïlia, le 1er mai 1868.*

Monsieur le Président,

Les prévisions du service de santé se sont complétement réalisées.

En 1866, nous vous signalions cette année comme une épreuve pour la santé de l'isthme frappée par le choléra.

En 1867, je vous avertissais de la disparition de toutes les affections morbides, suites de l'épidémie, et du retour de la santé à son état normal.

En 1866, la mortalité sur les travailleurs et employés était de 2.49 0/0, en 1867 elle est descendue à 1.85; cette année, 1868, le chiffre proportionnel n'a été que de 1.52 0/0.

Ainsi, Monsieur le Président, ce ne sera pas seulement de la marche des travaux, de leur activité et de la certitude de terminer le canal en 1869 que vous aurez à vous féliciter, mais vous aurez encore à vous féliciter de voir ces travaux s'exécuter au milieu de la santé la plus florissante et sans qu'il en coûte à l'humanité.

## ÉTAT SANITAIRE GÉNÉRAL.

*Population et mortalité .*

Population en 1865...................... 10,500
     —      1866...................... 18,605
     —      1867...................... 25,770
     —      1868...................... 34,258

Elle progresse donc comme les travaux.

Nous n'avons plus affaire seulement à une population de travailleurs, mais à des négociants, des marchands, des marins, des artisans, etc., etc., qui comprennent que bientôt le canal sera ouvert et qui veulent profiter de l'avenir.

On peut dire aujourd'hui que l'isthme est peuplé et qu'il n'y a plus de désert; les travailleurs abondent; des commerçants, des industriels se sont établis; la population forme des centres et devient sédentaire.

Les Arabes et les Grecs sont les plus nombreux ;
puis viennent les Français, les Autrichiens, les Italiens et autres nationalités ; presque tous sont acclimatés et jouissent d'une santé robuste.

La population se divise comme il suit :

*Race blanche* : Européens, Grecs, Turcs, etc., employés, ouvriers et marchands :

| | |
|---|---:|
| Hommes.................... | 14,118 |
| Femmes.................... | 1,417 |
| Enfants.................... | 575 |
| Total..... | 16,110 |

*Race indigène* : Arabes, Barbarins, noirs, ouvriers, serviteurs et marchands :

| | |
|---|---:|
| Hommes . . . . . . . . | 13,627 |
| Femmes . . . . . . . . | 2,229 |
| Enfants. . . . . . . . | 2,285 |
| Total. . . . | 18,141 |

Total général : 34,251.

Cette population occupe nos chantiers de Suez à Port-Saïd ; elle vit au milieu des travaux, des terres remuées.

Cette année environ 15,000,000 de mètres cubes ont été fouillés et transportés soit sur les berges du canal, soit jetés à la mer ou dans les lacs. Or, quel a été le chiffre de la mortalité ? C'est là le criterium de la santé des populations et de la salubrité du pays.

Nous pouvons garantir les chiffres de la mortalité de la race blanche ; quant aux chiffres de la race indigène ils sont presque exacts. Depuis l'établissement du gouvernement égyptien dans l'isthme, tout ce qui concerne l'état civil des indigènes ne ressortant plus de nos agents, nous ne pouvons vérifier tous les renseignements qui nous sont donnés. Toutefois, s'il y a des erreurs, elles doivent être bien minimes et leurs conséquences sur les chiffres proportionnels sont entièrement nulles.

### Race blanche.

Hommes : population, 14,118 ; mortalité, 199 ; proportion, 1.52 0/0

Femmes : population, 1,417 ; mortalité, 12; proportion, 0.91 0/0.

Hommes, femmes : population, 15,535 ; mortalité, 211 ; proportion, 1.41 0/0

### Race indigène.

Hommes : population, 13,627 ; mortalité, 231 ; proportion, 1.84 0/0.

Femmes : population, 2,229 ; mortalité, 9 ; proportion, 0.45 0/0.

Hommes, femmes : population, 15,856 ; mortalité, 240 ; proportion, 1.64 0/0.

### Race blanche et race indigène.

Hommes et femmes : population, 31,391 ; mortalité, 439 ; proportion, 1.51 0/0.

Nous n'avons rien à dire après ces chiffres éloquents constatant la salubrité de l'isthme et la santé des travailleurs.

Toutefois, comme terme de comparaison, nous ajouterons :

*Race blanche et indigène.*

Hommes, femmes et enfants : population totale, 34,251 ; mortalité, 563 ; proportion, 1.78 0/0.

La mortalité en France est de 2.40 0/0.

### FAITS GÉNÉRAUX.

Nous venons de constater par des chiffres l'état de la santé publique de l'isthme. Signalons les faits qui ont amené ce résultat.

A quelles causes attribuer la brillante santé de l'isthme ?

Je ne crois pas que l'on puisse assigner cet état à une ou plusieurs causes spéciales, déterminées, mais bien à un ensemble qui a eu pour conséquence l'état où se trouve la santé.

Ainsi l'activité des travaux, la certitude du résultat de l'œuvre, la régularité des paiements, tout inspire aux travailleurs et aux employés la confiance, la sécurité, et donne au caractère de chacun un cachet de satisfaction et de gaieté qui réagit sur le moral et la santé.

Nous savons par expérience que les idées tristes.
le découragement, sont le prélude des plus graves
affections dans l'isthme.

La facilité des communications et le commerce
ajoutent leur contingent au bien-être des travailleurs,
par conséquent à la santé. Seize paquebots, français,
russes, autrichiens et égyptiens, entrent chaque mois
dans le port de la ville de Port-Saïd, sans compter
une quantité de navires du commerce, ce qui met la
population du canal en communication rapide avec
le bassin de la Méditerranée et lui permet de faire
arriver toutes espèces d'approvisionnements.

Aujourd'hui Port-Saïd est en relation avec l'Europe,
comme Alexandrie.

Cette quantité de paquebots et de navires a amené
un commerce très-actif non-seulement pour la con-
sommation de l'isthme, mais encore pour les objets et les denrées qui approvisionnent Suez, la mer
Rouge et même l'Egypte. Les négociants préfèrent
cette voie à celle d'Alexandrie, par chemin de fer
Égyptien; ils y trouvent un grand bénéfice, plus de
facilité dans le débarquement et le transport.

Le commerce de cabotage avec la Syrie et la Grèce
a pris une grande extension, surtout au point de vue
des denrées alimentaires, qui arrivent en abondance
par cette voie.

Cette rapidité dans les communications et cette
activité dans le commerce doivent être comptées
pour beaucoup dans l'état sanitaire des habitants de
l'isthme.

Par suite de ce progrès dans les relations, de l'a-
bondance de l'argent et de la facilité avec laquelle il

circule, le bien-être s'est augmenté sous tous les rapports : l'alimentation est devenue meilleure, les viandes fraîches et sur pied, des fruits, des légumes, du gibier, nous arrivent de la Grèce et de la Syrie, sans compter ce qui vient d'Europe, d'Alexandrie ou d'Egypte. — Les denrées et les objets de toute nature abondent; le commerce est là qui fournit tout ce que l'on peut désirer depuis la farine jusqu'au beurre frais venant de Bretagne. La nourriture est saine et de bonne qualité; on vit comme en Europe : seulement les prix sont très-élevés, presque le double de France.

Cette abondance, cette variété et cette facilité dans l'alimentation sont les principales causes de la bonne santé.

Un autre effet très-important se fait sentir : dans les habitations il y a une notable amélioration; peu à peu chacun a su s'organiser et se créer un certain confortable. Les logements d'ouvriers, ceux des marchands, même sur les travaux et isolés des centres de population, sont mieux entendus, plus propres et mieux aérés; l'expérience et la nécessité ont appris quelles étaient les meilleures dispositions à prendre. On sait s'abriter contre l'abaissement de la température pendant la nuit et contre la chaleur pendant le jour. Aussi les ophthalmies, diarrhées et dyssenteries sont-elles plus rares, moins intenses, et dans certaines classes de la population ont-elles presque entièrement disparu.

Toutes ces conditions, jointes à l'abondance de l'argent, ont produit sur le bien-être et dans l'esprit des habitants une action des plus salutaires. Les relations sociales se sont étendues, multipliées ; on a reconnu que les soins personnels et hygiéniques étaient des plus nécessaires dans les pays chauds, qu'il fallait surtout faire bien attention à l'alimentation, aux boissons et modifier le régime alimentaire de l'Europe. Les ouvriers eux-mêmes l'ont bien senti ; ils boivent moins de liqueurs alcooliques, les excès sont plus rares. Ils ont compris qu'il ne fallait pas vouloir seulement gagner de l'argent; mais qu'il fallait se soigner et se bien nourrir afin de réparer les forces et conserver la santé.

On prend des précautions contre les effets du soleil, on évite les refroidissements de la nuit, on veut être mieux logé, mieux couché. La propreté est plus grande dans les maisons et les campements. On ne néglige pas les indispositions et l'on écoute beaucoup plus les conseils que depuis huit ans les médecins ne cessent de prodiguer.

Le progrès est notable et chacun en recueille les avantages ; nous ne prêchons plus dans le désert; du reste, Monsieur le président, il n'y en a plus, vous l'avez supprimé en le peuplant et le civilisant.

Ainsi l'activité des travaux, le contentement des esprits, la facilité des communications et du commerce, l'abondance de l'argent et des objets de toute nature, les logements plus confortables, l'alimentation meilleure et en quantité, les soins personnels et l'hygiène particulière mieux entendus, plus faciles, telles sont les causes principales dépendantes de la volonté de l'homme qui ont eu la plus grande action sur l'état sanitaire de l'isthme et produit les résultats les plus favorables.

## MÉTÉOROLOGIE.

En dehors des causes que nous venons d'énumérer, il en existe d'autres indépendantes de notre volonté.

Chacun dit et répète : la température a été moins élevée cette année que l'année dernière ; il y a eu plus de pluie et d'humidité. Cela ne serait-il pas dû aux travaux du canal, aux vastes surfaces d'eau du lac Timsah, des bassins du Serapeum, des eaux d'épuisement répandues sur la surface du sol environnant le canal maritime, du canal maritime lui-même et du canal d'eau douce ? Ces eaux filtrent dans le sol et l'impreignent d'humidité. Il y a une évaporation énorme, par conséquent des modifications atmosphériques qui doivent influer sur la santé.

Un fait bien certain, c'est que les phénomènes climatologiques n'ont pas été les mêmes que l'année dernière ; on peut s'en assurer en consultant les tableaux joints à ce rapport et en les comparant avec ceux de l'année précédente.

Ainsi les températures minima ont été cette année plus basses de 1 et 2 degrés ; les moyennes de ces températures ont varié ; elles ont été d'un degré plus bas pendant la période des chaleurs, d'un degré plus élevée pendant les mois tempérés, et égales à celles de l'année dernière pendant les mois froids.

Les écarts minima ont été beaucoup plus forts et par conséquent les variations de température plus sensibles

Les températures maxima ont été égales ou plus élevées. La moyenne de ces températures a été moins élevée pendant la période des chaleurs, plus élevée ou égale pendant la saison tempérée ou froide.

Les écarts des maxima ont été moins sensibles.

La moyenne de température a été pendant la période des chaleurs d'un degré moins élevée, et pendant la période tempérée ou froide d'un degré plus élevée.

Il est constant, malgré les minima et les maxima plus bas ou plus élevés, malgré les variations de température, que le climat a été cette année plus favorable à la santé des Européens et même à celle des indigènes.

En ce qui concerne l'humidité, il est évident que nous avons créé une vaste surface d'eau, surtout depuis l'année dernière, et, logiquement, il devrait en résulter une plus grande humidité.

Or le contraire existe : l'hygromètre, au lieu d'accuser une augmentation, accuse une diminution d'humidité. On peut s'en assurer par le tableau comparatif des années 1866-1867 et 1867-1868, qui m'a été fourni par la direction générale des travaux, pour Ismaïlia, et par celui du service de santé, dressé par M. Aillaud, pharmacien, en le comparant avec le tableau publié à la fin de mon rapport de l'année dernière.

Mais voici un fait hygrométrique plus singulier :

l'année dernière, à Ismaïlia, du 1er mai 1866 au 30 avril 1867, il est tombé 15.31 d'eau; de mai 1867 au 30 avril 1868 il est tombé 89.75. Nécessairement il devait y avoir une humidité plus grande; eh bien, non; l'hygromètre accuse une humidité moindre (voir les tableaux). Il paraît que ce qui se passe dans les régions atmosphériques comme dans les régions terrestres en Égypte est souvent contraire à ce qui a lieu en Europe.

Un phénomène barométrique, aussi inexplicable, a été observé : la pluie a été plus abondante cette année, le temps a souvent été couvert, 77 jours au lieu de 66, et le baromètre s'est constamment maintenu plus haut que l'année dernière.

Ces phénomènes bizarres ont-ils réagi sur la santé? Je le crois. Ainsi la température plus régulière et plus froide, l'atmosphère rafraîchie par les pluies, les eaux des lacs et des canaux, la diminution d'humidité, la pression atmosphérique presque toujours égale, ces phénomènes ont dû avoir une action quelconque; je pense qu'ils doivent être comptés parmi les causes qui ont amené l'état sanitaire que nous constatons aujourd'hui.

Quant à attribuer ces phénomènes météorologiques aux travaux du canal, aux eaux abondantes que nous avons amenées dans le désert, je crois qu'il ne faut pas se hâter de conclure, mais attendre que le temps et l'expérience viennent prouver cette opinion. Si ce fait heureux se confirme, les travaux du canal seront un nouveau bienfait pour l'humanité.

ÉTAT SANITAIRE PARTICULIER.

*Circonscriptions médicales.*

Le grand chantier de l'isthme est partout en pleine activité. On creuse avec les dragues ou à bras d'hommes : des bateaux porteurs, des locomotives, des locomobiles sur des plans fixes ou inclinés, des élévateurs, des brouettes et même des animaux transportent les terres et forment les berges du canal.

On sait comment nous avons organisé le service de santé, comment nous l'avons divisé en circonscriptions médicales, comment nous les avons modifiées, les appropriant aux travaux.

Les faits particuliers qui intéressent la santé ont été rares cette année, le service a marché régulièrement, pas d'événement ; les améliorations que nous réclamions dans notre dernier rapport ont été successivement opérées, il y a progrès. Cependant nous dirons un mot sur chaque circonscription médicale, ne serait-ce que pour affirmer en détail l'état sanitaire de l'isthme en général.

*Circonscription de Port-Saïd.*

Port-Saïd peut être considéré aujourd'hui comme une ville des plus salubres. Son port, accessible en tout temps aux plus gros navires, présente un mouvement et une activité remarquables ; les objets et les denrées de toutes sortes y abondent ; il y a un commerce très- important, c'est le centre des approvisionnements de l'isthme, de la ville de Suez, et déjà d'une partie de la mer Rouge. L'alimentation est de bonne qualité, le bien-être va chaque jour en augmentant.

Les travaux qui s'effectuent à Port-Saïd, outre celui des ateliers, sont le creusement du port et des bassins par le moyen des dragues et des porteurs, la construction des jetées et des quais ; ce mouvement a été des plus favorables à la santé.

Au point de vue sanitaire surtout, un important travail vient d'être terminé. Le service de santé réclamait depuis longtemps et chaque année le remblai des terrains sur lesquels la ville est construite. Les maisons semblaient être bâties sur pilotis ; il y avait des ondulations de terrain qui formaient des *cloaques*. En remblayant de 2 mètres au-dessus du niveau de la mer, toutes les rues se trouvent naturellement nivelées, la propreté est plus facile à entretenir et la salubrité ne peut qu'y gagner.

Ce travail a été terminé en décembre 1867. Est-ce une coïncidence, est-ce le résultat des causes générales que nous avons signalées ? Ce qui est certain c'est qu'à dater de cette époque une foule d'indispositions ont disparu.

Nous n'avons aucune remarque particulière à faire sur l'état sanitaire de Port-Saïd et sur la santé de ses habitants. Les maladies ordinaires ont beaucoup diminué et la mortalité a été très-faible, sur-

tout pendant les six derniers mois de l'année:
1.36 0/0. La population est de 10,000 individus environ ; parmi les Européens, qui comptent au moins
pour la moitié, la mortalité n'a été que de 43 ;
1.50 0/0.


### Circonscription de Kantara.

Les chantiers de cette circonscription ont pris
un grand développement ; partout les dragues sont
installées et fonctionnent. Kantara s'agrandit chaque
jour et tend à se transformer en ville. Cette localité
est le point de passage de la route par terre d'Égypte
en Syrie ; c'est là que sera le bac de communication.
Aussi des marchands prévoyants y sont-ils déjà
installés et font là un commerce actif et lucratif.

Je suis persuadé que Kantara deviendra une ville
considérable et remplacera l'ancienne ville de Mésès
(Sélé), près des ruines de laquelle s'élèvent les cons-
tructions nouvelles, et qui, dans l'antiquité, était,
après Péluse et Migdol, le centre du commerce de
l'Égypte et de la Syrie.

Comme santé, Kantara n'a pas voulu déchoir de
sa bonne réputation. Jusqu'à ce jour cette localité s'est signalée par sa salubrité et la bonne santé
de ses habitants. Le progrès sanitaire qui a été
constaté sur toute la ligne des travaux a surtout été
bien marqué à Kantara, et cependant les travaux
à bras d'hommes ont été et sont encore des plus
actifs. Ses chantiers sont aujourd'hui de plus de
5,000 hommes.

La mortalité de l'année n'a été dans cette circonscription, sur les Européens, que de 0.41 0/0 ; sur les Européens et indigènes réunis, de 0.28 0/0. Pendant cinq mois, il n'y a pas eu un seul cas de mortalité.

### *Circonscription d'El-Guisr.*

Le Seuil d'El-Guisr est enlevé, le travail à sec est terminé : plus de 9 millions de mètres cubes de terre ont été jetés à droite et à gauche, le terrain a été descendu jusqu'au niveau de la mer, il ne reste plus qu'à approfondir le canal. Aujourd'hui il n'y a plus que les dragues qui travaillent.

On sait que cette localité est la plus élevée de l'isthme et la mieux située comme conditions de salubrité. Cependant, fait anormal, la plupart des maladies ont eu une tendance à intermittence ; c'est le seul point où se soient manifestés de temps à autre des accès de fièvres intermittentes, mais très-légères et cédant facilement à quelques grammes de sulfate de quinine.

Il y a eu quelques cas de méningite-cérébro-spinale dus à l'encombrement des logements et qui ont rapidement cessé devant les indications du service de santé.

Voici, du reste, la conclusion du rapport fait par le docteur de Guérin du Cayla, sur les maladies de la circonscription d'El-Guisr.

« En résumé, du 1er juin au 1er avril il n'y a eu de maladies graves que quelques cas de méningite-cérébro-spinale : cette maladie a disparu dans la fin de juin. En dehors de ces cas on peut dire que 'état sanitaire de la circonscription d'El-Guisr n'a rien laissé à désirer. Les fièvres d'accès ont, dans la grande majorité des cas, revêtu la forme larvée ; la dyssenterie et les affections du foie ont été bénignes ; les ophthalmies n'ont offert aucune gravité chez les Européens et quelques cas de bronchites ont atteint les ouvriers, mais ont guéri facilement. Je ne parle pas de la phthisie, qui ne naît pas spontanément dans l'isthme et qui s'améliore lorsqu'elle est apportée d'Europe.

» Quant à la mortalité, elle n'a rien que d'ordinaire si on réfléchit que la circonscription d'El-Guisr a eu une population de 3,500 personnes au moins jusqu'au mois de février dernier, jusqu'au moment où les déblais à sec ont été terminés, et encore le trop plein des ouvriers ne s'est écoulé que lentement. »

En effet, la mortalité d'El-Guisr pendant la période des onze derniers mois n'a été que de quarante-huit personnes, hommes, femmes et enfants européens ou indigènes, ce qui ne donne qu'une proportion de 1.48 0/0.

Que l'on trouve, soit en France, soit en Europe une localité où un travail de terrassement aussi considérable que celui du Seuil ait été exécuté et où il y ait eu une si minime proportion dans la mortalité des ouvriers !

La salubrité des travaux de terrassement dans l'isthme est donc un fait incontestable que l'expérience vient chaque jour corroborer.

## Circonscription d'Ismaïlia.

Ici nous n'avons plus affaire à une population de travailleurs, mais à des employés, des marchands, etc., à une population stationnaire, établie, Européens ou indigènes.

Les enseignements sanitaires que fournit Ismaïlia sont utiles surtout au point de vue de l'avenir ; les chantiers établis le long du canal disparaîtront lorsque le travail sera terminé, tandis qu'Ismaïlia restera et continuera à se développer.

La position toute spéciale de cette ville au milieu des sables, sur un lac magnifique, entourée de cultures et de jardins, centre de l'isthme, point de jonction entre l'Égypte et le commerce du monde, fera de cette localité une importante cité comme affaires, richesse et santé. Je ne crois pas qu'il y ait au monde un site plus salubre, pour des bains de mer une plage plus belle que celle du lac Timsah, pour les affections de poitrine un meilleur climat.

En parlant de l'effet des causes météorologiques, nous avons cité l'état comparatif des températures, on a vu combien celle d'Ismaïlia se trouvait mitigé par les brises du nord.

Au point de vue de la santé, j'appellerai l'attention sur les eaux du lac, qui seront toujours plus chargées de sels et dans des conditions différentes que celles de la Méditerranée et de l'Océan. (Voir, joint au rapport, le beau travail de M. Aillaud pharmacien de la Compagnie, sur les analyses des eaux des lacs Amers et du lac Timsah.) L'année dernière, les personnes qui ont pris des bains dans le lac en ont obtenu les meilleurs résultats ; ils ont eu pour effet d'agir comme un puissant tonique sur toute l'économie et de leur faire passer le temps des chaleurs sans en ressentir les inconvénients.

A Ismaïlia, l'été est loin d'être désagréable ; pas de poussière comme dans le reste de l'Egypte et surtout au Caire ; pas d'humidité le soir, comme à Alexandrie ; les soirées sont splendides, on peut passer la nuit sur la terrasse ou dans les jardins.

Quant à l'état sanitaire il ne peut en être question qu'au point de vue individuel : j'ai bien cherché s'il y avait quelque fait à signaler intéressant la santé, je n'ai rien trouvé ; les rapport mensuels du médecin de la circonscription eux-mêmes sont en blanc.

*Circonscription du Serapeum.*

Les chantiers du Serapeum sont très-variés. On sait que de vastes bassins se trouvant sur la ligne du canal maritime ont été remplis par l'eau douce et que les dragues creusent à travers ces lacs.

A l'extrémité sud de ces bassins et jusqu'aux lacs Amers le travail se fait à la main ; il y a là un vaste chantier de travailleurs.

Au nord et jusqu'au lac Timsah les dragues travaillent dans l'eau salée.

Bien que les éléments soient différents, la santé est la même partout : presque pas de malades ; il y

a même des endroits où l'eau douce se mélange
par infiltration avec l'eau salée ; aussi je crois qu'il
faut être en garde contre l'opinion qui attribue les
fièvres intermittentes et autres aux mélanges des eaux
douces et des eaux salées.

Le campement du Serapeum, où la population se
trouve le plus agglomérée et qui forme le centre de
la circonscription est un enseignement : c'est un dé-
menti permanent aux règles d'hygiène publique
posées par les savants en Europe et déduites des
faits observés en France ou ailleurs ; ce qui démon-
tre que, quelque instruit que l'on soit, il faut, avant
d'émettre son avis sur l'état sanitaire d'un pays et
sur les affections qu'il peut engendrer ou guérir,
l'avoir bien étudié sur les lieux mêmes et non dans
son cabinet par correspondance, sinon on risque de
dire ou d'écrire des énormités.

Ainsi voilà le Serapeum : ce campement est situé
à 2 mètres au-dessous du niveau du canal d'eau
douce et de vastes bassins remplis d'eau douce. Ces
eaux filtrent à travers les sables et les terres à ce
point qu'il a fallu creuser et organiser tout un sys-
tème de fosses au bout desquelles se trouvent des
norias qui enlèvent les eaux de filtration.

Les logements, les murs des maisons jusqu'à près
d'un mètre sont imprégnés d'une humidité saline ;
il a fallu drainer autour de chacun des bâtiments
de l'hôpital. Ce campement est abrité des vents du
nord par des dunes de sable. Au premier aspect et
à l'analyse il renferme toutes les conditions possibles
d'insalubrité, et cependant c'est de toutes les circonscriptions, après Kantara, celle qui est, je ne

dirai pas la plus salubre, mais où l'état sanitaire est le meilleur. Pas ou peu de maladies graves, presque pas de mortalité; la proportion sur les Européens a été de 1.30 0/0.

Constater que le Serapeum, bas, humide, imprégné de sel et d'eau douce, est plus salubre que le Seuil d'El-Guisr, sec et élevé, c'est bien certainement un fait hygiénique des plus remarquables.

Ce qui se passe au Serapeum est aussi un exemple du pouvoir de l'homme en matière d'hygiène et de santé. Ce campement qui avant l'envahissement des eaux était des plus insalubres, par rapport à sa situation, où nous avons vu, malgré nos efforts, le typhus se développer, est devenu, par suite des précautions prises et des soins hygiéniques, une localité salubre.

*Circonscription de Chalouf.*

Cette circonscription est une des plus importantes par suite des travaux qui s'exécutent à sec par des machines et à bras d'hommes; il n'y a pas moins de 10,000 individus répandus sur les chantiers des lacs Amers jusqu'auprès de Suez.

Cette agglomération de travailleurs, surtout dans les lacs Amers, nous avait causé quelques inquiétudes. Qu'allait-il se passer au milieu de ces terrassements, sous un soleil ardent, dans des terrains fouillés jusqu'à 8 mètres au-dessous du niveau de la mer, imprégnés d'eau salée et où la glaise abonde?

La saison des chaleurs s'est parfaitement passée : quelques insolations et, sur un point, quelques cas de fièvres intermittentes, maintenant dissipées, dues à des eaux stagnantes et où se trouvaient des matières en putréfaction, voilà ce qu'il y a eu de plus saillant relatif à la santé.

Depuis l'abaissement des chaleurs jusqu'à aujourd'hui, la santé n'a rien présenté de particulier; du reste, les chiffres de la mortalité des Européens en disent plus que tous les raisonnements.

La population européenne est de 3,000 individus environ ; la mortalité a été de 43, soit 1.56 pour 100.

Quant à la mortalité parmi les indigènes, elle a été de 1 0/0 en plus: c'est la mortalité de Suez et du Caire. Cette différence doit être attribuée surtout aux privations que s'imposent les indigènes; ils veulent gagner de l'argent, se nourrissent à peine et contractent plus facilement des maladies qu'ils ne soignent qu'au dernier moment.

*Circonscription de Suez.*

Les travaux à sec, dans cette circonscription, sont à peu près terminés; les jetées, les quais sont très-avancés; les dragues creusent le chenal du canal jusque dans la rade et sont échelonnées sur toute la ligne, remontant vers la Méditerranée.

La transformation opérée par les travaux est quelque chose de magique, et, comme me le disait un commandant des paquebots français de l'Inde, à chaque retour je suis dans l'admiration de tous les changements que je constaté.

Pour arriver à ces résultats, quel a été l'état de la santé des travailleurs, combien avons-nous perdu d'hommes? Sur 5,000 Arabes travaillant dans l'eau, remuant des terres humides, un seul mort, et le travail a duré près d'une année; sur les Européens, dont la population est de 670, deux morts.

Ces chiffres indiquent combien le nombre des malades a dû être peu élevé et quelle doit être la santé de cette circonscription.

Lorsque les terrains qui se trouvent entre le canal maritime et le chemin de fer se couvriront d'habitations, si, au lieu des rues sales et étroites du Suez actuel, on trace de belles voies de communication où l'air circule librement, où les maisons soient bien espacées, si la propreté y est bien entretenue, si les eaux ménagères et autres s'écoulent au lieu de s'imprégner dans le sol et y croupir, si l'on observe quelque peu, dans les rues, sur les quais et dans les maisons, les règles les plus élémentaires de l'hygiène, que l'eau soit abondante, et c'est très-facile, je suis convaincu que la cité qui va se former, outre sa position dans un site des plus grandioses, sera des plus salubres.

### Résumé.

Vous avez dû remarquer, Monsieur le Président, combien mon rapport est peu riche en faits particu liers. L'état de la santé a été tel, le service a marché si régulièrement, que j'ai vu le moment où je ne pourrais vous répéter que ces mots : la santé est des plus satisfaisantes, peu de maladies, peu de morts.

Nous avons constaté les causes auxquelles on peut attribuer cette belle santé : à part celles qui ressortent de l'état météorologique, toutes les autres dépendent de votre haute direction. C'est à l'activité des travaux, au commerce et à la facilité des communications que vous avez créées, au développement du bien-être, à la confiance que vous avez su inspirer, et à la bonne organisation de vos services, que l'on doit rapporter l'état florissant de la santé dans l'isthme.

Une ligne de fumée dessine le canal à travers le désert; c'est l'industrie européenne qui, luttant sous vos ordres, *sépare* deux continents. Dans quelques mois, lorsque les flottes commerciales traverseront l'isthme, affirmant votre victoire dans la grande bataille pacifique que vous livrez, vous pourrez dire : Je n'ai pas sacrifié un seul homme.

Veuillez agréer, etc.

*Le médecin en chef,*

L. AUBERT-ROCHE.

*P. S.* — Je joins à mon rapport un remarquable travail de M. Aillaud, notre pharmacien d'Ismaïlia, sur les eaux des lacs et la solubilité des bancs de sel des lacs Amers.

# Analyses qualitative et quantitative des eaux des lacs Amers et du lac Timsah.

---

## ESSAIS

### SUR LA SOLUBILITÉ DES SELS DES LACS AMERS.

#### LACS AMERS.

L'isolement des lacs Amers, l'âpreté et l'aridité des terrains environnants, le silence profond qui règne en ces lieux, impriment à ce site un caractère austère et grandiose.

Un magnifique banc de sel, mesurant 13 kilomètres de longueur sur 8 de large, et dont nous chercherons plus loin à expliquer la formation, occupe la partie basse d'une immense dépression de terrain que les eaux de la mer Rouge envahiraient de nouveau si l'action attractive de la lune et du soleil avait la puissance de soulever les flots d'une haute marée à une

quinzaine de mètres de hauteur. Disloqué sur ses bords,
soit par des affaisements de terrain, soit par la dissolution des parties inférieures, ce plateau salin offre sur
son pourtour des crevasses aux parois brillantes et
cristallines, au fond desquelles repose une eau lim-
pide à reflets légèrement verdâtres.

En quittant le Serapeum, on arrive à ce dépôt de
matières salines par une succession de terrains de na-
tures différentes. Après avoir laissé le sol sablonneux
sur lequel s'élèvent des monticules de sable recouverts
de fragments de coquilles de mollusques testacés
(ostracés, cardiacés, buccinoïdes, trochoïdes, etc.) et
à 3$^k$,500 environ du banc de sel, le sol se transforme, change de nature et présente une teinte
brunâtre très-prononcée due à une assez forte proportion d'argile. 100 parties de cette terre donnent 40.70
de sulfate de chaux, 28.20 d'argile et 31.10 de substances solubles.

A un quart de lieue en avant, le terrain se méta-
morphose de nouveau, prend une apparence crètacée
et devient fortement compressible sous le pas des che-
vaux. Cette terre, passant pour magnésienne, ne contient cependant que des quantités insignifiantes de
magnésie. Nous trouvons, sur cent parties, quatre-
vingt-quinze de sulfate de chaux et cinq de matières
solubles, parmi lesquelles de faibles traces de magnésie.

Dans ces deux derniers terrains, le sol est recouvert
de débris de coquillage appartenant exclusivement
à la quatrième famille des Acéphales et formant
comme une immense ceinture autour du banc de sel.
Groupées çà et là, des buttes aux formes les plus
bizarres et les plus variées, composées de beaux cristaux de sulfate de chaux et d'une faible quantité de
matières siliceuses, donnent à cette partie du désert
l'aspect d'une ville en ruines de laquelle subsiste-

raient encore quelques piliers et des tronçons de co-
lonnes à demi enfouis dans le sable.

A l'est, et comme pour rompre la monotomie de cette
stérile plaine brûlée par le soleil, une petite forêt de
tamaris dont on aperçoit distinctement les cimes
chétives et rabougries, semble vouloir reposer, par
une verdure pâlie et maladive, l'œil fatigué de la
réverbération des sables. L'horizon est fermé de l'autre
côté par les montagnes de Geneffé et de l'Attaka.

Enfin, arrivé à un kilomètre environ du banc, le terrain devient humide et même fangeux. Là, dans cette
partie et à quelques mètres seulement du plateau salin,
qui s'élève brusquement comme une pièce de monnaie
placée sur une surface plane, on rencontre de nombreuses flaques d'eau claires, transparentes et d'iné-
gales profondeurs. Le fond de ces mares est recouvert
d'un premier dépôt de matières salines, d'un aspect
mamelonné, de couleur faiblement rosée, couleur proba-
blement due à la présence de substances organiques. Cette
première couche est à son tour recouverte par de petits
cristaux de sulfate de chaux, prismatiques, translucides,
brillants, à travers lesquels la couleur rosée du fond se
reflète comme à travers autant de prismes et imprime
à ces masses cristallines les teintes irisées les plus
vives.

Dans les anfractuosités du banc de sel, excavations
aux parois éblouissantes et comme semées de petits
diamants, tant les facettes des cristaux sont nettes et
bien clivées, dans ces excavations, disons-nous, se rencontre une eau chargée de principes salins, offrant la
même densité et la même composition que celle des
petites mares environnantes. Cette eau s'étend sous le
banc de sel à une profondeur moyenne de 1$^m$,90 au-
dessous de la superficie du plateau et paraît baigner
la base du banc sur toute son étendue. Phénomène digne

d'attention, quoique en contact direct et constant avec ces masses de matières salines, cette eau n'est cependant pas complétement saturée et peut encore dissoudre à 14°,10 centigrades, c'est-à-dire à la même température que nous lui avons trouvée sur les lieux, 33ᵍ,929 de sels par litre.

L'odeur de cette eau, très-faiblement saumâtre, presque nulle, doit être plutôt attribuée aux sédiments salins qu'elle recouvre qu'à elle-même. Sa saveur est nauséabonde, fortement saline, mais n'offre point cette amertume que le nom impropre de lacs Amers semble vouloir lui imputer. Cette absence presque complète d'amertume s'explique du reste très-facilement si l'on examine ses parties constituantes. La quantité de sels magnésiens, seule cause de cette saveur dans les eaux salines, est si faible, comparativement au chlorure de sodium contenu dans cette eau, que ce dernier sel masque par sa forte salure l'amertume des sels de magnésie presque au point de les dissimuler aux organes gustatifs.

Les papiers de tournesol plongés dans cette eau n'éprouvent aucun changement, preuve évidente que ce liquide ne contient aucun acide à l'état libre.

L'analyse qualitative nous a donné de l'acide sulfurique, de l'acide carbonique, de l'acide silicique, du brome, du chlore, de la soude, de la potasse, de la magnésie, de la chaux et des traces de d'acide phosphorique. La présence de ces corps décelée, nous avons procédé au dosage de chacun d'eux.

Cinq cents centimètres cubes d'eau, additionnés d'un poids déterminé de carbonate de soude fondu, afin de prévenir la décomposition du chlorure de magnésium et d'entraver le dégagement d'acide chlorhydrique qui a lieu dans ce cas et entraîne à des résultats fautifs, ont été évaporés lentement dans une capsule de platine recouverte d'une plaque de verre, à l'effet d'éviter les pertes par projection ; le résidu de cette évaporation, chauffé, dans une étuve à air à une température de 200 degrés centigrade, nous a donné 155.20, c'est-à-dire 310 gr. 40 par litre, de matières fixes, déduction faite du poids du carbonate alcalin ajouté. Le résidu obtenu, chauffé graduellement jusqu'au rouge sombre et maintenu un instant à cette température, puis humecté par le carbonate d'ammoniaque, afin de restituer à la masse la perte d'acide carbonique occasionnée par la chaleur, le résidu, desséché de nouveau et pesé, n'a offert aucune trace de matières extractives. L'absence de substances organiques était du reste fortement indiquée par le manque de coloration des sels laissés par l'évaporation de l'eau.

Mille centimètres cubes d'eau, maintenus pendant quatre jours en contact avec une solution ammoniacale de chlorure de calcium, nous ont donné un précipité de carbonate de chaux qui, lavé à plusieurs reprises, afin de le débarrasser des faibles traces de sulfate de chaux que la précipitation entraîne, a permis de doser l'acide carbonique, déduit du poids du carbonate de chaux. L'appareil Chancel nous a donné des résultats identiques.

L'acide sulfurique a été dosé sous forme de sulfate de baryte. 100 centimètres cubes d'eau, acidulés avec l'acide chlorhydrique, ont été portés à l'ébullition et précipités par le chlorure de baryum. Le précipité jeté sur un filtre, lavé à l'eau bouillante, séché et légèrement calciné, a donné, addition faite du poids du filtre incinéré, 1,060 de sulfate de baryte, quantité correspondant à 3 gr. 63 d'acide sulfurique par litre.

Un volume déterminé d'eau minérale, précipité par le chlorure de baryum dans le but de prévenir les erreurs qu'engendre la présence du sulfate de chaux dans le dosage de l'acide silicique, a été filtré, puis acidifié et évaporé. Le résidu de l'évaporation, repris par l'acide chlorhydrique, évaporé de nouveau, traité enfin par l'eau, nous a permis de doser la silice après calcination.

Le nitrate acide de bismuth n'a décelé que de faibles traces d'acide phosphorique.

Pour le chlore et le brome, 50 centimètres cubes d'eau ont été acidifiés par l'acide azotique, précipité par le nitrate d'argent sous forme de chlorure et de bromure d'argent. Le précipité repris par l'eau chaude acidulée, jeté sur un filtre, lavé et séché, a été introduit dans un creuset et fondu ; le poids du culot représente le poids du chlorure et du bromure d'argent.

Un poids connu de ce culot, divisé en petits fragments, a été placé dans une boule de verre et chauffé dans un courant de chlore sec jusqu'à nouvelle fusion. Pendant cette opération, tout le brome est expulsé et remplacé par une quantité équivalente de chlore, avec perte de poids : sachant que la quantité de brome expulsé par le chlore est à la différence du poids, comme le poids atomique du brome est à la différence des équivalents du brome et du chlore, on trouve par un simple calcul le poids du brome, qui, déduit de la somme des quantités de brome et de chlore obtenus plus haut fournit le poids de ce dernier corps.

Les recherches les plus sérieuses, le traitement par le nitrate de palladium, le procédé à réactions si sensibles de M. Phipson, l'analyse spectrale même, n'offrent aucune trace d'iode.

Cent centimètres cubes d'eau, maintenus pendant deux heures à l'ébullition, additionnés de chlorhydrate d'ammoniaque et traités par l'oxalate de cette base, ont donné un précipité qui, lavé à l'eau chaude, desséché et transformé en carbonate par la calcination, nous a permis de doser la chaux. Cette eau, débarrassée de l'oxyde de calcium, nous a servi au dosage de la magnésie. Après avoir ajouté à la liqueur un excès d'ammoniaque, la magnésie a été précipitée par une solution de phosphate de soude, sous forme de phosphate ammoniaco-magnésien (2 MgO, Az H⁴O, PO⁵+12 HO). Ce précipité, recueilli sur un filtre, a été lavé avec de l'eau contenant un poids déterminé d'oxyde d'ammonium, séché et porté jusqu'au rouge vif par une chaleur graduelle pendant laquelle ce phosphate double perd ses douze équivalents d'eau et son ammoniaque, et se transforme en phosphate bibasique de magnésie, duquel nous avons déduit la proportion de la base cherchée.

Après avoir précipité dans cent centimètres cubes d'eau, l'acide sulfurique par la baryte, la chaux et l'excédant de baryte par le carbonate d'ammoniaque, la liqueur a été filtrée, saturée par l'acide chlorhydrique et évaporée. Le résidu, composé de chlorure de potassium, de sodium et de magnésium, a été repris par l'eau bouillante, additionné d'un excès de bioxyde de mercure, afin de transformer le chlorure de magnésium en magnésie insoluble, puis la solution évaporée et les chlorures chauffés au rouge jusqu'à volatilisation complète du sel hydrargyrique. Après avoir séparé les chlorures de potassium et de sodium de la magnésie, nous avons évaporé la liqueur tenant en dissolution ces sels haloïdes; le résidu, calciné afin de pouvoir déterminer le poids des deux sels, a été repris par une faible quantité d'eau, soumis à l'action du bichlorure de platine et évaporé à siccité; le produit de l'évaporation, traité par l'alcool éthéré, la partie insoluble séparée par le filtre lavée à l'alcool et séchée à 110 degrés, nous a fourni le poids du potassium, déduit de celui du chloroplatinate. En calculant le potassium à l'état

de chlorure, son poids, soustrait de la somme des chlorures de potassium et de sodium, nous a donné, par
différence, le poids du sodium sous forme de chlorure.

L'ammoniaque, la lithine, la strontiane, le fluor, le
fer, les acides sulfhydrique et borique n'ayant donné que
des résultats négatifs, nous passerons sous silence toutes les expériences auxquelles la recherche de ces corps
a donné lieu.

*Diverses combinaisons contenues dans un litre d'eau
des lacs Amers.*

Température de l'eau, 14° 10. — Air ambiant, 17° 50.
Densité $= 1,1829$ $a + 19°$

| | |
|---|---|
| Chlorure de sodium........ ... | 274,0471 |
| — de Potassium......... | 3,5724 |
| — de magnésium....... | 20,0385 |
| — de calcium.......... | 2,2545 |
| Bromure de magnésium....... | 3,7750 |
| Sulfate de magnésie.......... | 3,3869 |
| — de chaux............. | 2,3801 |
| Silicate de soude (Na O, (Si O$^3$) $^3$) | 0,7631 |
| Carbonate de chaux ......... | 0,1824 |
| Phosphate de chaux ......... | Traces. |
| Total .............. | 310,4000 |

La constitution chimique de cette eau, très-riche en
principes salins, se fait surtout remarquer par une pro-
digieuse quantité de brome. Cette quantité nous a d'a-
bord paru si forte, si extraordinaire même, que ce n'est
qu'après une série de dosages différents opérés sur des
poids divers que nous sommes rendus à l'évidence.

Il est vivement à regretter que la compisition de cette
eau n'ait pas été connue quelques années plus tôt, car

l'industrie avait là une source féconde de brome de facile exploitation et d'un grand revenu, malheureuse-
ment perdue aujourd'hui par le faible laps de temps qui
nous sépare du moment d'immersion de cette partie du
canal.

L'iode, accompagnant presque toujours le brome et
le chlore, fait ici totalement défaut.

Nous avons déjà dit que les proportions de magnésium sont moins fortes que dans les eaux de mer; en
effet, si l'on calcule le poids de ce corps dans les eaux
salines, on trouve que l'océan Atlantique contient
3,6180 de magnésium par 100 grammes de substances
fixes, la Méditerranée, 2,8875; la mer Noire, 3,6410, tandis que nous n'avons ici que 2,0580 de ce corps.

## LAC TIMSAH.

Nous trouvons aujourd'hui une différence assez forte
entre la somme des principes salins tenus en dissolution dans cette eau et cette même somme prise en juin
dernier. A cette époque, le poids du résidu d'un litre
d'eau pesait 57,050: le même volume de liquide évaporé
donne aujourd'hui une masse saline offrant 68,040 par
la pesée. A première vue cette différence paraît extraordinaire, inexplicable même. On est porté à se deman-
der comment, après l'énorme masse de liquide intro-
duite dans le lac, la salure peut en être augmentée. Or,
voici la cause, croyons-nous. En juin dernier, le lac de
Timsah reçut en peu de temps un volume considérable
d'eau de la Méditerranée par le déversoir du chantier 6.
L'eau du lac Timsah possédait alors et possède encore
aujourd'hui une densité bien supérieure à celle de la

Méditerranée. Les deux liquides ne durent donc, en raison de la différence de leur poids spécifique, se mélanger d'abord qu'imparfaitement. D'autre part, cette eau reçue dans une vaste dépression imprégnée de substances salines, ne trouvant d'autre écoulement qu'une évaporation permanente, a dû subir un degré de concentration qui, croyons-nous, augmentera jusqu'au jour où le déversoir des lacs Amers ouvert permettra un écoulement vers ces bas fonds et renouvellera les eaux du lac Timsah.

*Diverses combinaisons contenues dans un litre d'eau du lac Timsah.*

Température de l'eau, 15° 16. Air ambiant, 17° 60.
Densité $= 1,0429$ $a + 19°$

| | |
|---|---:|
| Chlorure de sodium. . . . . . . . . . . . . . | 51,041 |
| — de potassium. . . . . . . . . . . . | 0,852 |
| — de magnésium. . . . . . . . . . . | 5.533 |
| — de calcium . . . . . . . . . . . . . | 2.659 |
| Sulfate de magnésie . . . . . . . . . . . | 5,080 |
| — de chaux. . . . . . . . . . . . . | 1,431 |
| Bromure de sodium. . . . . . . . . . . . . | 0,932 |
| — de magnésium. . . . . . . . . . . | 0,022 |
| Silicate de soude . . . . . . . . . . . . . | 0,375 |
| Carbonate de chaux. . . . . . . . . . . | 0,115 |
| Matières organiques et phosphate de chaux. . | Traces |
| Total . . . . . . | 68,040 |

## SELS DES LACS AMERS.

*Essais sur la solubilité.*

Le banc de sel des lacs Amers, de forme à peu près elliptique, mesure 13 kilomètres de longueur sur huit de large. Son épaisseur, encore inconnue doit, croyons-nous, en nous guidant sur la déclivité des terrains avoisinants, atteindre 18 à 20 mètres dans la partie centrale du plateau.

La cassure de ce sel montre des petit cristaux de forme cubique mal définie, imbriqués les uns sur les autres, incolores, inodores, translucides et d'une saveur fortement saline.

Ce gisement est disposé par couches à peu près parallèles, de différente épaisseur, séparées entre elles par de faibles dépôts de matières terreuses et par des petits prismes de chaux sulfatée. Au piquet 248, où nous avons examiné la coupe de ce banc, on compte, en descendant de la superficie du plateau au niveau de l'eau, 42 couches de sels présentant la même composition et une hauteur totale de $2^m,46$. Ces couches varient de $0^m,03$ à $0^m18$ d'épaisseur. Les dépôts de substances terreuses intercalés dans les couches de sels ont généralement quelques millimètres de hauteur ; cependant à $1^m,45$ de la superficie se rencontrent deux fortes couches superposées, la première mesurant $0^m,112$ d'épaisseur formée de sulfate de chaux pulvérulent et d'argile, la seconde, $0^m,07$, composée de sulfate de chaux presque pur également pulvérulent.

La formation de ce gisement se prête à beaucoup d'hypothèses. Doit-on admettre que pendant un violent cataclysme, les eaux de la mer Rouge, brusquement élevées par un soulèvement de l'écorce terrestre ont atteint les hauteurs de Chalouf et se sont précipitées dans çe vaste bassin, d'où une évaporation soutenue par un soleil brûlant les a chassées ne laissant qu'une immense couche de matières salines? Cette supposition n'est pas admissible; une foule de causes s'y opposent.

Faut-il plutôt croïre que pendant un certain laps de temps cette partie de l'isthme s'est trouvée ensevelie sous les eaux, soit que la mer Rouge possédât alors un niveau supérieur à celui de nos jours, soit que le sol qui nous occupe se trouvât placé plus bas qu'il n'est actuellement et que ce banc est dû à l'évaporation de la masse liquide, que le retrait de la mer Rouge aurait laissée entre Chalouf et le Serapeum? Nous ne le pensons pas. Les eaux ont pu occuper une assez vaste étendue de l'isthme, mais l'origine de cet amas de sel nous paraît provenir d'une tout autre cause et être postérieur à tous ces bouleversements. En effet, si cet amas de sel était dû à une semblable circonstance, on rencontrerait dans les divers affaissements de terrains entre Chalouf et le Serapeum des dépôts salins de même nature, quoique plus faibles; deuxièmement, ce banc de sel offrirait un tout autre aspect; ce ne serait pas une série de couches identiques, séparées entre elles par de faibles dépôts de matières terreuses, mais ce serait une seule et même couche, ou, si plusieurs assises existaient, elles auraient été déposées par ordre d'insolubilité, c'est-à-dire que les sels les moins solubles, tels que le carbonate et le sulfate de chaux, se seraient d'abord précipités, puis le chlorure de sodium, le sulfate de magnésie et ainsi de suite.

Faut-il faire intervenir l'eau du Nil qui, se déversant peut-être dans ces bas-fonds par l'ancien canal des

Pharaons, serait venu redissoudre ces sels, laissés antérieurement par les eaux de la mer Rouge, et aurait donné à ce gisement la configuration actuelle ? Cette supposition manque non-seulement de fondement mais encore de tout caractère de certitude.

Ces trois hypothèses reconnues inadmissibles passons à une quatrième qui nous paraît beaucoup plus fondée.

Le banc de sel est dû à l'eau de la mer Rouge. On ne peut en douter en examinant les nombreuses traces de coquilles de mollusques testacés appartenant à cette mer qui abondent dans les environs. Les lacs Amers n'étaient rien autre, croyons-nous, qu'un golfe d'une très-faible profondeur, attenant à la mer Rouge. Les eaux de cette mer, se frayant pendant les hautes marées équinoxiales un passage à l'est de Chalouf, arrivaient lentement dans cette vaste dépression et ne tardaient pas, sous l'influence d'une chaleur torride, à acquérir un degré de concentration très-élevé. Le retrait de la mer Rouge, et peut-être aussi l'ensablement du lit du courant amenant le liquide salifère, suspendait pendant une partie de l'année l'écoulement vers les lacs et permettait durant ce laps de temps le dessèchement de la nappe d'eau, dessèchement que les vents devaient encore accélérer. Le premier dépôt de sel ainsi formé, restant à sec pendant quelque temps, était recouvert par une faible couche de substances terreuses amenées par les vents. A la haute marée suivante les eaux se déversaient de nouveau dans ces parties, entraînant dans leur course des faibles quantités de matières alumineuses et de sulfate de chaux, empruntées au terrain qu'elles traversaient, et venaient superposer une nouvelle couche saline à la précédente. Le renouvellement périodique de ce phénomène a dû, croyons-nous, constituer les assises salines que l'on remarque dans ce banc.

Admettons un instant qu'au lieu de pénétrer lentement, l'eau ait brusquement et en volume considérable envahi ce terrain. Que se passera-t-il? Le premier dépôt se formera par l'évaporation du liquide, ce dépôt sera recouvert par les vents d'une faible couche terreuse, nous aurons, en un mot, la première assise de sel; mais qu'adviendrait-il à la seconde irruption de la mer Rouge? Le premier dépôt salin sera redissous par la masse liquide; les matières terreuses se précipiteront en raison de leur insolubilité, et l'évaporation du liquide ne laissera au lieu de deux qu'une seule et unique couche; chaque nouvelle inondation renouvellera ce phénomène et fera disparaître les couches terreuses laissées antérieurement.

La densité de ce sel prise sur six échantillons différents nous a donné les chiffres suivants :

| | |
|---|---|
| 1er échantillon . . . . . . . . . . . . . . . | 2.155 |
| 2e — . . . . . . . . . . . . . . . | 2.151 |
| 3e — . . . . . . . . . . . . . . . | 2.159 |
| 4e — . . . . . . . . . . . . . . . | 2.153 |
| 5e — . . . . . . . . . . . . . . . | 2.154 |
| 6e — . . . . . . . . . . . . . . . | 2.158 |

Ce qui nous donne comme densité moyenne  2.155

Mille centimètres cubes d'eau des lacs Amers peuvent encore dissoudre à plus 14°10 . . . . . . . 33$^{gr}$.929

Mille centimètres cubes d'eau du lac Timsah dissolvent à la même température. . 283  893

Un égal volume d'eau du canal maritime (El-Guisr) . . . . . . . . . . . . . . . . . . 286  319

L'eau de la Méditerranée, beaucoup moins chargée en principes salins, dissout par litre 310  530

Toutes ces eaux ont été ramenées à la même température afin de rendre plus facile la comparaison du pouvoir dissolvant de chacune d'elles.

Dans les essais sur la solubilité des sels qui nous occupent, nous avons à tenir compte d'une foule de causes tendant à entacher les résultats d'erreurs. Lors du remplissage des lacs Amers nous aurons la vitesse du courant, la température, les vents et par suite l'état d'agitation de l'eau qui favoriseront la dissolution. Ici nous avons une assez forte différence de température, le courant manque, les vents aussi, pas d'ébranlement de la masse liquide, autant de causes défavorables. Par contre les blocs à essayer présentent une forme préjudiciable tendant à accélérer la dissolution. En effet, ces blocs nous offrent six surfaces au lieu d'une, l'ébranlement produit par la taille dans la masse cristalline détruisant en partie l'affinité et favorisant l'absorption du liquide, les arêtes du cube plus facilement solubles qu'une surface plane ; de plus, au lieu d'agir sur des masses considérables nous devons opérer sur des petits blocs, nouvelle cause d'erreur, car ici plus faible est la masse, plus prompte est la dissolution.

Nous avons en partie obvié à cet inconvénient : 1º en opérant sur des blocs aussi volumineux que possible, tout en leur conservant néanmoins des dimensions propres à ne pas entraver les opérations que nécessitent ces essais ; 2º en recouvrant cinq faces du cube d'un vernis insoluble, de façon à ne laisser qu'une seule face en contact avec l'eau et à garantir les arêtes de l'hexaèdre ; 3º en maintenant les blocs de sel, lors de leur immersion à la partie supérieure du liquide, de manière à ne recouvrir la face supérieure que par quelques centimètres d'eau.

Cette précaution, d'apparence futile, est cependant indispensable, car si, au lieu de placer le bloc à dissoudre à la surface du liquide, on le plonge au fond, les couches d'eau environnant le sel se chargent de principes salins, finissent par se saturer, et demeurant en raison de leur densité dans la partie inférieure du récipient, entravent la dissolution du sel restant, tandis que les couches supérieures de liquide sont à peine imprégnées de matières salines. De là deux erreurs : erreur sur le temps nécessaire à la dissolution, erreur sur le pouvoir dissolvant du liquide, et, en admettant que l'on cherche par une agitation fréquente à remédier à cet inconvénient, c'est-à-dire à avoir un liquide également chargé de principes salins dans ses diverses couches, l'erreur deviendra plus grande encore, quoique contraire, et les résultats seront exagérés.

Quelle sera l'agitation de l'eau des lac Amers? Nous ne pouvons la connaître. Il est certain cependant que cette agitation sera plus que suffisante pour mélanger les diverses couches d'eau au fur et à mesure que la dissolution des sels s'opérera. En maintenant les blocs à la surface de l'eau, nous nous rapprochons donc le plus possible des conditions demandées, et nous ne perdons en réalité que l'agitation produite par les vents et le courant. La perte est grande sans doute, mais mieux vaut, dans la question qui nous occupe, nous tenir au-dessous de la réalité que d'obtenir en simulant une agitation inconnue des résultats trop élevés.

Dans ces essais sur la solubilité il aurait été nécessaire de connaître non-seulement le volume de liquide devant être introduit chaque jour dans le bassin des lacs Amers, mais encore la contenance de ce bassin et le cube du banc de sel, en un mot les rapports dans lesquels ces deux corps (l'eau et le sel) se trouveront placés lors du remplissage. Ces proportions n'étant point connues encore et ne pouvant conséquemment placer le sel dans des rapports identiques, nous avons, dans l'incertitude, préféré opérer sur de faibles quantités d'eau.

Il a déjà été dit que l'eau du lac Timsah dissout

283 gr. 893 de sel par litre. Connaissant la quantité de sel soluble dans un volume d'eau déterminé, il ne restait à étudier que la question de temps. Il s'agissait donc de connaître la quantité de sel dissoute dans un laps de temps déterminé par un volume d'eau connu, la perte de pouvoir dissolvant qu'éprouverait l'eau en raison de sa saturation progressive, en un mot la marche de la dissolution, ses diverses phases et sa durée.

Les quantités d'eau employées dans ces essais égalent cinq, dix, quinze, vingt, vingt-cinq et trente fois le volume des blocs.

Nos expériences portent sur six blocs pris sur deux points différents. Les premiers ont été extraits au piquet 248, commencement du banc; les seconds au piquet 288, vers la partie centrale du plateau.

Le piquet 248 a fourni six blocs; le piquet 288, quatre seulement, dont un extrait au-dessus de l'eau.

Le premier bloc, le bloc superficie du piquet 248, mesure 1 mètre de côté sur $0^m,40$ d'épaisseur et pèse $507^k,400$. Ce bloc soigneusement enduit sur cinq faces d'une couche d'un vernis insoluble a été placé dans une cuve en bois contenant 2,000 litres d'eau du lac Timsah, soit cinq fois son volume et maintenu à la partie supérieure du liquide. La dissolution ne s'opère que très lentement, elle n'est complète que 60 heures 7 minutes après l'immersion. Si nous divisons cette durée, ces 60 heures, en cinq temps égaux, nous trouvons que les 12 premières heures dissolvent $220^k,600$ de sel, $0^m,17$ environ; les 12 secondes, $120^k,060$, les 12 troisièmes, $90^k,540$; les 12 quatrièmes, $46^k,182$ et les 12 cinquièmes, 20 kilogrammes.

La densité du liquide, prise de deux heures en deux heures, nous a fourni la quantité de matières salines dissoutes.

Le second bloc du même piquet mesure 1 mètre

carré de surface sur une épaisseur de 0,21 centimètres et pèse 323$^k$,100. Ce bloc, traité comme le précédent, a été placé dans dix fois son volume d'eau. La dissolution a été beaucoup plus prompte que dans le premier cas. Treize heures quarante-cinq minutes après l'immersion le bloc était totalement dissous. Ce temps, divisé en cinq parties, nous donne, 144$^k$,040 de sel dissous par la première, 90$^k$,020, par la seconde, 52$^k$038 par la troisième, 33$^k$ par la quatrième et 14$^k$ par la cinquième.

Le troisième bloc présente une forme cubique, mesure 0$^m$,54 de longueur, 0$^m$,54 de largeur , 0$^m$,56 d'épaisseur et pèse 226 kilogrammes. Plongé dans 2,449 litres d'eau, 15 fois son volume, ce bloc a été dissous en 10 heures 8 minutes. Les deux premières heures dissolvent 98$^k$,200 de sels les deux secondes 63$^k$,056, les deux troisièmes 35$^k$,264, les deux quatrièmes 19$^k$,960 et les deux cinquièmes 9$^k$,520.

Le quatrième échantillon a 0$^m$,50 de longueur, 0$^m$,50 de largeur et 0$^m$,43 de hauteur. Il pèse 185$^k$,500. Sa dissolution dans vingt fois son volume d'eau s'est opérée en 7 heures. Ici la densité a été prise d'heure en heure heure, et plus loin de demi-heure en demi heure. En conservant toujours nos cinq divisions, nous trouvons que la première dissout 87$^k$,065, la seconde 43$^k$,330, la troisième 30$^k$,190, la quatrième 15$^k$,660 et la cinquième 9$^k$,250.

Le cinquième échantillon est le bloc présentant les deux couches de sulfate de chaux dont il a déjà été parlé. Ces couches retardent considérablement la dissolution, et ce n'est qu'après leur désagrégation que le sel commence à subir l'action dissolvante de l'eau. Ce bloc, mesurant 0$^m$,50 de longueur, 0$^m$,50 de largeur et 0$^m$,40 de hauteur, a été immergé dans 25 fois son volume d'eau, soit 2,500. Cinquante-deux jours après, la désagrégation du sulfate de chaux était complète et la dissolution commençait. Cette dissolution a duré cinq heures ; la première a dissous 72$^k$,510, la seconde 41$^k$,830, la troisième 28$^k$, 111, la quatrième 12$^k$,519, la cinquième 5$^k$,030.

Le sixième et dernier bloc du piquet 248, plongé dans trente fois son volume d'eau, n'a mis que trois henres à se dissoudre. Il mesurait 0$^m$,50 de longueur, 0$^m$,50 de longueur, 0$^m$,53 de hauteur et donnait 225 kil.

Le premier cinquième de ce temps a dissous 95$^k$,050, par la pesée, le second 62$^k$,100, le troisième 39$^k$,175, le quatrième 18$^k$,235 et le cinquième 10$^k$,440.

. Le piquet 288 nous a donné, avons-nous dit, quatre blocs.

Le premier mesure 1 mètre carré de surface sur 0$^m$,45 de hauteur et pèse 577 kilos ; plongé dans 2,250 litres d'eau, cinq fois son volume, ce bloc a été dissous en 68 heures. Mes cinq divisions nous donnent pour la première 250 kil. de sel dissous, pour la seconde 151$^k$ 250, pour la troisième 100$^k$,219, pour la quatrième 51$^k$,320 et 24$^k$,214 pour la cinquième.

Le second bloc pèse 255$^k$,300 et mesure 0.54$^m$ de longueur, 0$^m$,54 de largeur et 0$^m$,60 de hauteur. Sa dissolution dans dix fois son volume d'eau s'est opérée en quatorze heures cinquante-cinq minutes. Les trois premières heures dissolvent 110$^k$,210, les trois secondes, 60$^k$,133 ; les trois troisièmes, 49 kil. ; les trois quatrièmes, 24$^k$,544 et 11$^k$,112, les trois cinquièmes.

Le troisième bloc offre 0,$^m$52 de longueur, 0$^m$,52 de largeur et 0$^m$,55 de hauteur. Son poids égale 224 kil. 2,230 litres d'eau, quinze fois son volnme, le dissolvent en dix heures et quart. Nous avons 100$^k$500 de sel dissous par le premier temps de la dissolution, 55$^k$,140 par le

second, 39^k,110 par le troisième, 20^k,25 par le quatrième
et 9 kil. par le cinquième.

Le quatrième et dernier bloc de ce piquet immergé
dans vingt fois son volume de liquide a mis 7 heures
et demie à se dissoudre. Il pesait 205 kil. et avait 0^m,52
de côté sur 0^m,45 c. de hauteur.

La première période a dissous 88 kil. de sel, la seconde
53^k,40, le troisième 37^k,50, la quatrième 17 kil., la cinquième 9^k,100.

La température moyenne de l'eau pendant la durée
de ces expériences a été de 16 degrés centigrades.

Nous trouvons en résumé qu'un bloc est dissous en
64 heures environ par cinq fois son volume d'eau du
lac Timsah, en 14 heures 20 minutes par dix fois son
volume, en 10 heures 12 minutes par quinze fois son
volume, en 7 heures 15 par vingt fois son volume, en
5 heures (les couches de sulfate de chaux étant désa-
grégées) par vingt-cinq fois son volume et en trois
heures par trente fois son volume.

La perte de pouvoir dissolvant qu'éprouve l'eau en
se chargeant de principes salins augmente dans des
rapports à peu près fixes et constants. Si comme précé-
demment nous divisons la durée de la dissolution en
cinq temps égaux, nous trouvons que la première de
ces divisions dissout 70 parties de sel, la seconde, 6; la
troisième, 4; la quatrième, 2, et la cinquième une
seule partie.

En prenant la moyenne des résultats obtenus, nous
trouvons *qu'un mètre cube* de sel, ne présentant qu'une
seule face au contact de l'eau du lac Timsah, sera dissout *par douze fois son volume en neuf heures cinquante quatre minutes.* Les deux premières heures dissoudront
434,780 cent. cubes environ; les deux secondes
60,868 cent. cubes; les deux troisièmes, 173,712 cent.

cubes ; les deux quatrièmes, 86,956 cent. cubes ; les deux cinquièmes, 43,478 cent. cubes.

Nous avons vu que les couches de sulfate de chaux du cinquième bloc du piquet 248 retardent considérablement la dissolution. Leur désagrégation sera beaucoup plus rapide dans les lacs Amers qu'elle n'a été dans nos expériences, car outre l'agitation de la masse liquide, le banc de sel présente de nombreuses ouvertures analogues à des trous de sonde dues, croyons-nous, à des dégagements d'hydrogène protocarboné qui ont eu lieu du fond vaseux du lac pendant la formation du banc, et qui, en favorisant la pénétration du liquide dans le bloc salin, permettront plus aisément la désagrégation de ces couches et faciliteront la dissolution du sel inférieurement placé.

L'eau du lac Timsah, ne pouvant suffire à remplir le bassin des lacs Amers, il y aura écoulement de la part du canal maritime et de la Méditerranée. Ces eaux, moins chargées en sels que celle du lac Timsah, en dissoudront une plus forte quantité. Si nous examinons la somme des principes salins tenus en dissolution dans les diverses eaux environnantes, nous trouvons, en allant de Suez à Port-Saïd, que la mer Rouge

contient. . . . . . . . . . . . . $43^3,^g100$ de sels par litre

Les lacs Amers. . . . . . . 310   400     —

Le lac Timsah. . . . . . . 68   040     —

Le canal maritime (El-Guisr). . . . . . . . . . . . . 62   100     —

La Méditerranée (Port-Saïd) 37   600     —

Or, si un mètre cube de sel des lacs Amers est dissous en 9 heures 54 minutes par 12 fois son volume d'eau du lac Timsah à l'état de repos, cette durée sera indubitablement moindre encore si ce bloc est soumis à l'action dissolvante d'une eau moins chargée en matières salines et douée d'une agitation assez forte et constante.

*Ismaïlia, le 28 avril* 1868.

L. AILLAUD.

⸙

IMPRIMERIE CENTRALE DES CHEMINS DE FER.— A. CHAIX ET C⁹, RUE BERGÈRE, 20,
A PARIS. — 5734-8.

**Résumé météorologique du 1ᵉʳ juin 1867, au 31 mars 1868, par le docteur Zarb, médecin de la Compagnie.**

*1. — Thermométrie.*

| MOIS | MAXIMA | | MINIMA | | MOYENNES | | | | |
|---|---|---|---|---|---|---|---|---|---|
| | PLUS HAUTS | PLUS BAS | PLUS HAUTS | PLUS BAS | THERMALES AU SOLEIL | DES ÉCARTS ENTRE LES MAXIMA ET LES MINIMA | DES MAXIMA | DES MINIMA | DU MOIS |
| Juin (1867) | 32 | 27 | 23 | 19 | 37.0⁰ | 5.9⁰ | 29.1⁰ | 21.8⁰ | 25.7⁰ |
| Juillet | 33 | 28 | 23 | 20 | 35.3⁰ | 7.3⁰ | 31.0⁰ | 22.3⁰ | 26.1⁰ |
| Août | 32 | 29 | 22 | 19 | 36.4⁰ | 7.8⁰ | 31.7⁰ | 22.0⁰ | 27.3⁰ |
| Septembre | 30 | 26 | 23 | 18 | 34.2⁰ | 8.1⁰ | 80.5⁰ | 21.7⁰ | 25.2⁰ |
| Octobre | 30 | 23 | 22 | 18 | 34.7⁰ | 8.0⁰ | 28.0⁰ | 20.0⁰ | 24.3⁰ |
| Novembre | 25 | 23 | 19 | 15 | 29.3⁰ | 7.8⁰ | 25.6⁰ | 18.0⁰ | 20.8⁰ |
| Décembre | 23 | 15 | 15 | 10 | 21.0⁰ | 6.7⁰ | 18.8⁰ | 12.9⁰ | 15.0⁰ |
| Janvier (1868) | 21 | 16 | 14 | 10 | 23.2⁰ | 5.9⁰ | 16.2⁰ | 11.8⁰ | 14.1⁰ |
| Février | 22 | 16 | 15 | 10 | 24.0⁰ | 5.3⁰ | 18.8⁰ | 11.0⁰ | 12.9⁰ |
| Mars | 27 | 18 | 14 | 11 | 27.1⁰ | 6.2⁰ | 22 0⁰ | 14.5⁰ | 16.8⁰ |

*2. — Hygrométrie.*

| MOIS. | MOYENNE HYGROMÉTRE À CHEVEUX | MOYENNE des ÉCARTS | MOYENNES DE L'ÉTAT HYGROMÉTRIQUE | | | PLUIE. | ROSÉE. | OZONE ÉCHELLE DE SEDAN | |
|---|---|---|---|---|---|---|---|---|---|
| | | | MATIN. | MIDI. | SOIR. | MILLIMÈTRES. | GRAMMES. | JOUR. | NUIT. |
| Juin 1867 | 75.0⁰ | 5.7⁰ | 76⁰ | 59⁰ | 75⁰ | » | 15 | 8.0 | 8.5 |
| Juillet | 78.4⁰ | 5.0⁰ | 77⁰ | 55⁰ | 76⁰ | » | 25 | 8.1 | 9.7 |
| Août | 80.8⁰ | 4.4⁰ | 78⁰ | 60⁰ | 74⁰ | » | 60 | 7.7 | 7.8 |
| Septembre | 84.0⁰ | 3.0⁰ | 75⁰ | 61⁰ | 76⁰ | » | 10 | 9.4 | 10.0 |
| Octobre | 80.4⁰ | 3.7⁰ | 80⁰ | 62⁰ | 77⁰ | » | » | 9.9 | 10.7 |
| Novembre | 82.0⁰ | 4.0⁰ | 78⁰ | 58⁰ | 76⁰ | 3 | 30 | 9.1 | 9.0 |
| Décembre | 80.1⁰ | 5.3⁰ | 79⁰ | 63⁰ | 76⁰ | 5 | » | 10.0 | 9.6 |
| Janvier 1868 | 78.0⁰ | 5.8⁰ | 74⁰ | 62⁰ | 72⁰ | 5 | » | 9.1 | 11.0 |
| Février | 74.5⁰ | 5 9⁰ | 75⁰ | 59⁰ | 74⁰ | 6 | » | 8.4 | 9.0 |
| Mars | 72.3⁰ | 7.9⁰ | 73⁰ | 52⁰ | 72⁰ | 11 | 75 | 8.0 | 10.3 |

5. — *Barométrie, Vents, orages, etc.*

| MOIS. | BAROMÈTRE | | | VENTS LES PLUS FRÉQUENTS, par ordre de fréquence. | | | Orages, Éclairs, Tonnerre. | Brume, Brouillard. | CIEL. Proportion approxim. des jours. | | |
|---|---|---|---|---|---|---|---|---|---|---|---|
| | Plus haut. | Plus bas. | Moyenne. | | | | | | Clair. | 1/2 Couv. | Couvert. |
| Juin 1867 . . . . . . . | 764 | 755 | 759.3 | N. | N.-O. | N.-E. | 1 | » | 20 | 5 | 5 |
| Juillet . . . . . . . . | 762 | 755 | 758.0 | N.-O. | N. | O. | » | » | 25 | 5 | 0 |
| Août . . . . . . . . | 763 | 754 | 757.3 | N.-O. | N. | N-N-O | » | » | 15 | 10 | 5 |
| Septembre . . . . . . | 764 | 755 | 759.8 | N. | N.-O. | N-N-O | 1 | 1 | 10 | 15 | 5 |
| Octobre . . . . . . . | 765 | 756 | 761.7 | N. | N-N-O | N.-O. | 3 | » | 10 | 10 | 10 |
| Novembre . . . . . . | 765 | 757 | 763.4 | S.-O. | N.-O. | N. | 4 | 1 | 5 | 10 | 15 |
| Décembre . . . . . . | 767 | 756 | 762.0 | S.-O. | S. | S-S-O | 1 | 4 | 5 | 15 | 10 |
| Janvier 1868 . . . . . | 769 | 757 | 763.6 | S.-O. | S-S-O | E. | » | 3 | 10 | 5 | 10 |
| Février . . . . . . . | 767 | 758 | 763.0 | S.-O. | O. | N.-O. | » | » | 5 | 15 | 10 |
| Mars . . . . . . . . | 766 | 754 | 761.1 | S.-O. | N.-O. | N.-E. | 1 | » | 5 | 10 | 15 |

4. — *Résumé.*

| PÉRIODE. | MOYENNES DU PÉRIODE. | | | VENTS les plus fréquents. | | | MOYENNES des JOURS | | |
|---|---|---|---|---|---|---|---|---|---|
| | Therm. | Hygr. | Bar. | | | | de soleil | demi-couvert. | couvert. |
| Des chaleurs. . . . . . . . . . . . . . . . . . . . | 26.0° | 79.5° | 758.6° | N. | N.-O. | N-N-O. | 70 | 35 | 15 |
| Tempéré . . . . . . . . . . . . . . . . . . . . . | 20.0° | 80.8° | 762.4° | S.-O. | N. | N. O. | 20 | 35 | 35 |
| Froid . . . . . . . . . . . . . . . . . . . . . . | 14 6° | 74.9° | 762.6° | S.-O. | N.-O. | S.-S.-O. | 20 | 30 | 35 |

D<sup>r</sup> H. ZARB.<br>*Port-Saïd.*

**Observations météorologiques, du 1er juin 1867 au 31 mars 1868, par M. Aillaud, pharmacien de la Compagnie.**

*Thermométrie.*

| MOIS. | MOYENNES | | | MAXIMA | | MINIMA | | TEMPÉRATURE MOYENNE DU PÉRIODE. |
|---|---|---|---|---|---|---|---|---|
| | Des Maxima. | Des Minima. | Du Mois. | Plus hauts. | Plus bas. | Plus hauts. | Plus bas. | |
| Juin 1867............... | 36.5 | 22.9 | 28.2 | 41 | 31 | 25 | 19 | Période |
| Juillet................. | 36.0 | 23.6 | 28.4 | 40 | 34 | 25 | 21 | des |
| Août.................. | 34.7 | 23.0 | 27.6 | 40 | 30 | 26 | 20 | Chaleurs |
| Septembre............. | 32.7 | 21.4 | 25.3 | 35 | 30 | 22 | 19 | 27° 2 |
| Octobre................ | 28.4 | 17.6 | 22.7 | 31 | 25 | 20 | 12 | Saison |
| Novembre.............. | 25.8 | 14.4 | 18.7 | 28 | 22 | 16 | 13 | tempérée |
| Décembre.............. | 22.2 | 13.6 | 17.1 | 27 | 16 | 19 | 11 | 19° 5 |
| Janvier 1868... .. ...... | 20.0 | 9.5 | 14.8 | 24 | 17 | 14 | 6 | Période |
| Février................. | 20.0 | 10.2 | 13.8 | 24 | 17 | 19 | 6 | du froid |
| Mars .................. | 25.0 | 13.7 | 17.9 | 31 | 14 | 16 | 12 | 15° 5 |

*Hygrométrie.*

| MOIS | MOYENNES | PLUS GRANDS ÉCARTS | PLUS PETITS ÉCARTS | MOYENNES du PÉRIODE | PLUIE |
|---|---|---|---|---|---|
| Juin 1867 . . . . . . . . . . | 60.4 | 37 | 17 | | |
| Juillet. . . . . . . . . . | 60.2 | 32 | 20 | 59.6 | |
| Août . . . . . . . . . . | 58.5 | 34 | 15 | | |
| Septembre. . . . . . . . | 59.3 | 34 | 6 | | |
| Octobre . . . . . . . . . | 65.9 | 41 | 12 | | Le 25 pluie. |
| Novembre . . . . . . . . | 63.0 | 46 | 30 | 62.3 | |
| Décembre . . . . . . . . | 58.2 | 49 | 2 | | 11, 13 et 27, pluie. |
| Janvier 1868. . . . . . . | 62.2 | 21 | 9 | | Le 18, pluie. |
| Février . . . . . . . . . | 69.4 | 27 | 6 | 65.5 | 2, 6, 7, 11 et 15, pluie. |
| Mars. . . . . . . . | 64.9 | 41 | 7 | | 5, 9, 20 et 24, pluie. |

*Barométrie.*

| MOIS. | PLUS HAUT. | PLUS BAS. | MOYENNES. | VENTS PLUS FRÉQUENTS. | | ÉTAT DU CIEL. | | | | OBSERVATIONS. |
|---|---|---|---|---|---|---|---|---|---|---|
| | | | | | | B. | C. | N. | P. | |
| Juin 1867 . . . . . . . | 760 | 752 | 755 | N. | E. | 30 | » | » | » | |
| Juillet . . . . . . . . | 755 | 748 | 750 | N. | N.-E. | 29 | » | 2 | » | |
| Août . . . . . . . . . | 755 | 748 | 754 | N. | O. | 25 | » | 6 | » | |
| Septembre . . . . . . | 759 | 752 | 755 | N. | N.-E. | 26 | 4 | » | » | |
| Octobre . . . . . . . | 759 | 753 | 757 | N. | N.-E. | 27 | 3 | 1 | » | |
| Novembre . . . . . . | 767 | 754 | 759 | N. | N.-E. | 20 | 10 | » | » | |
| Décembre . . . . . | 766 | 752 | 758 | O. | S.-O. | 12 | 12 | 5 | 2 | Le 11, tonnerre. |
| Janvier 1868 . . . . . | 763 | 753 | 759 | O. | S.-O. | 24 | 3 | 4 | » | |
| Février . . . . . . . | 765 | 753 | 758 | O. | E. | 11 | 11 | 5 | 2 | |
| Mars . . . . . . . . . | 764 | 749 | 757 | O. | E. | 24 | 4 | 1 | 2 | |

*Résumé.*

| PÉRIODE. | MOYENNES DU PÉRIODE | | | VENTS PLUS FRÉQUENTS. | | | JOURS | |
|---|---|---|---|---|---|---|---|---|
| | Therm. | Hygrom. | Barom. | | | | Soleil. | Couverts. |
| Des chaleurs . . . . . . | 27°2 | 59,6 | 753 | N. | N. E. | O. | 110 | 12 |
| Tempéré . . . . . . . | 19°5 | 62,3 | 758 | N. | N.-E. | O. | 59 | 33 |
| Froid . . . . . . . . . | 15°5 | 60,5 | 758 | O. | E. | S.-O. | 59 | 32 |

*Ismaïlia, 27 avril 1868.*

L. AILLAUD.

## Observations météorologiques des années 1866-1867, 1867-1868.

*par M. SEPEK, employé de la Direction générale des Travaux.*

| MOIS. | THERMOMÈTRE. | | | | HYGROMÈTRE. | | | | | | PLUVIOMÈTRE. | |
| --- | --- | --- | --- | --- | --- | --- | --- | --- | --- | --- | --- | --- |
| | 1866-1867. | | 1867-1868. | | 1866-1867. | | | 1867-1868. | | | 1866-1867. | 1867-1868. |
| | minima. | maxima. | minima. | maxima. | 6 heures. | 3 heures. | 9 heures. | 6 heures. | 3 heures. | 9 heures. | | |
| 1867) .............. | 17.53 | 30.20 | 17.79 | 29.36 | 72 | 30 | 58 | 80 | 41 | 73 | Inappréciable | 19. » |
| ................. | 21.53 | 32.66 | 20.74 | 33.32 | 73 | 36 | 64 | 69 | 34 | 62 | — | Néant |
| t .............. | 24.08 | 35.45 | 22.80 | 35.18 | 73 | 30 | 62 | 70 | 34 | 58 | Néant | — |
| ..... ........... | 23.30 | 33.91 | 22.20 | 33.09 | 83 | 31 | 65 | 77 | 30 | 63 | — | — |
| mbre ............ | 22.06 | 31.63 | 19.85 | 31.38 | 87 | 44 | 74 | 85 | 45 | 65 | — | — |
| re................ | 17.30 | 27.59 | 17.89 | 27.51 | 82 | 45 | 77 | 84 | 52 | 75 | — | 3.20 |
| mbre ............ | 12.68 | 21.83 | 12.32 | 22.52 | 86 | 53 | 84 | 89 | 54 | 73 | 7.80 | Inappréciable |
| mbre ............ | 9.90 | 18.05 | 8.83 | 18 63 | 88 | 67 | 80 | 84 | 63 | 78 | Inappréciable | 5.60 |
| ier (1868) ........ | 8.43 | 17.99 | 7 » | 18.66 | 90 | 67 | 86 | 83 | 45 | 65 | 0.51 | 0.60 |
| ier.............. | 8.07 | 17.68 | 6.65 | 18.93 | 90 | 67 | 88 | 82 | 50 | 71 | Inappréciable | 9.15 |
| s................ | 12.81 | 23.80 | 11.40 | 23.15 | 89 | 56 | 83 | 72 | 39 | 62 | 7. » | 14.60 |
| t................ | 14.64 | 25 85 | 13.77 | 24.77 | 86 | 38 | 70 | 75 | 33 | 87 | Inappréciable | 37.60 |

IMPRIMERIE CENTRALE. — A. CHAIX ET Cⁱᵉ, RUE BERGÈRE, 20, A PARIS. — 5731-8